机器人世界

太空中的机器人

［英］史蒂夫·帕克（Steve Parker） 著

杨飞虎　王竞男　译

机械工业出版社
CHINA MACHINE PRESS

ROBOT WORLD: Robots in Space/by Steve Parker/ISBN
8-1-4451-0037-1

Copyright© Appleseed Editions Ltd 2011 Well House,Friars
ll,Guestling, East Sussex,TN35 4ET, United Kingdom
he simplified Chinese translation rights arranged through
ightol Media(本书中文简体版权经由锐拓传媒取得
mail:copyright@rightol.com).

This title is published in China by China Machine Press with
cense from Appleseed Editions.This edition is authorized for
ale in China only， excluding Hong Kong SAR， Macao SAR
nd Taiwan.Unauthorized export of this edition is a violation of
he Copyright Act.Violation of this Law is subject to Civil and
Criminal Penalties.

本书由 Appleseed Editions 授权机械工业出版社在中
华人民共和国境内地区（不包括香港、澳门特别行政区及
台湾）出版与发行。未经许可之出口，视为违反著作权法，
将受法律之制裁。

北京市版权局著作权合同登记　图字：01-2016-3031 号。

图书在版编目（CIP）数据

机器人世界. 太空中的机器人 /（英）史蒂夫·帕克（Steve
Parker）著；杨飞虎，王竞男译.—北京：机械工业出版社，
2017.5
书名原文：Robots in Space
ISBN 978-7-111-56847-6

Ⅰ.①机… Ⅱ.①史…②杨…③王… Ⅲ.①机器人 -
青少年读物 Ⅳ.① TP242-49

中国版本图书馆 CIP 数据核字（2017）第 102834 号

机械工业出版社（北京市百万庄大街 22 号　邮政编码 100037）
策划编辑：黄丽梅　　责任编辑：黄丽梅　王春雨
责任校对：郑　婕　　封面设计：陈　沛
责任印制：李　昂
北京中科印刷有限公司印刷
2017 年 7 月第 1 版第 1 次印刷
214mm×284mm·2 印张·2 插页·54 千字
0001 — 6000 册
标准书号：ISBN 978-7-111-56847-6
定价：35.00 元

凡购本书，如有缺页、倒页、脱页，由本社发行部调换

电话服务
服务咨询热线：010-88361066
读者购书热线：010-68326294
　　　　　　　010-88379203

网络服务
机工官网：www.cmpbook.com
机工官博：weibo.com/cmp1952
金 书 网：www.golden-book.com
教育服务网：www.cmpedu.com
封面无防伪标均为盗版

危险,危险!

太空中的危险无处不在。没有空气可呼吸,没有水和食物,事实上什么都没有。在太空中旅行,到一些有趣的地方,例如去一个行星,动辄需要几个月甚至几年时间。当你到达那里时,你会发现那里的环境太冷或太热以至于不适合生存。如果你的航天器出现故障,救援需要很长的时间。

机器人可以应对

上述问题对于机器人来说并不存在。因为大多数机器人都是由金属、塑料之类的材料制成,它们不需要空气、水和食物,虽然它们需要能量来驱动(通常是电能),但它们没有感觉,所以它们不会觉得孤独或害怕。

小而简单

载人航天器需要食物、饮料和其他补给。它必须具有安全装备和备用系统。当航天器重新进入大气层(地球周围厚厚的空气层)时,它必须能够承受极高的温度,才能将宇航员安全带回家。运载机器人的航天器不需要补给。它可以做得更小更轻,因此它所用的火箭可以小一些,从而降低了成本。

机器人明星

无人驾驶月面自动车1号

第一个在地外星球登陆的是来自前苏联的无人驾驶月面自动车1号。它由航天器月神17号(Luna17)运载,并于1970年成功登陆月球。它2.3米长,有8个轮子和两个电视摄像机眼睛。从地球遥控无人驾驶月面自动车1号是一个伟大的成就。在它运行的11个月里,它在月球上走了超过10千米,并拍摄了20000张特写照片。

在地球上和在太空中

太空机器人与地球上的机器人是否相同呢？其实在很多方面它们都是相同的。大多数机器人都是智能的，它们可以做出一些简单的决定，并在某些时段自主工作。大多数机器人都有可移动的部件，如操作杆和电动机，有些可以用轮子或弯曲的腿运动前行。所有这些特性使其成为在太空中工作的理想选择。

机器人需要人

机器人为我们执行任务。它们可是非常聪明的，特别是拥有计算机大脑的最新型机器人。但它们不可能在任何时间都自主工作。它们需要我们的指令或程序，否则它们不知道该怎么做。还有一种可能的情况那就是机器人没有被编程处理，这时需要人来控制机器人并决定用它做什么。

▼ 为钻探月球或火星等环境恶劣地区设计的机器人在北极的极寒地区进行测试。

机器人的博客■

冷啊!

我在北极附近进行测试，今天是我感觉有史以来最冷的一天。这儿有零下30摄氏度，我的轮子几乎被冻住了。大风几乎能把我吹翻。我的电池电量不足，我的前灯非常暗淡。幸运的是，我的人类主人可以解决这所有问题。如果在月球时发生这一切，我会是一个死机器人!■

K10火星探测器可以用能发射强无线电信号的非常强大的雷达"看到"地面。

紧急维修

当机器人在地球上发生故障时，人们通常可以修复它。但是如果机器人在太空深处发生故障，周边可没人来修复它。因此人类必须非常仔细地设计太空机器人。它们需要很多备用设备和储备系统，以确保一旦某个部件出现故障，可由另一部件来替换。它们必须在可能遇到的最极端的条件下进行测试。

你知道吗?

我的实际花销有多少?

使用太空机器人的成本是多少? 这很难说。有机器人本身的成本，设计、开发和测试的费用，还有发射它的火箭的成本以及地球上的控制和通信中心的费用。对于两个火星车勇气号（Spirit）和机遇号（Opportunity）（见第17页）来说，成本总计约为4.1亿美元（按当时汇率约合2.85亿英镑）。如果将人类送入太空，所需花费将数百倍于这个数。

水星是最接近太阳的行星，水星上的太空机器人将承受超过400℃的温度，这可比烤箱要热得多（参见第19页）。

电动机器人

大部分机器人是由电力驱动的。但是遥远的太空中可没有电源插座为机器人的电池充电。那么太空机器人是如何运行的呢？

使用电能

电能是机器人最方便的供能方式。大多数机器人将指令和信息存储在由电力驱动的微芯片和记忆存储盘中。电力还用来驱动负责机器人可运行部件的电动机。但太空旅行动辄持续几个月甚至几年，再强大的电池也会耗尽电能。因此太空机器人必须能为它们的电池充电。

使用太阳能

距太阳不太远的机器人可以通过太阳能发电。它们的太阳能电池帆板与我们在地球上使用的太阳能电池板非常相似，它们在阳光下捕获能量并将其转化为电能。这些太阳能电池帆板的面积巨大，以便获取足够的光。而机器人发射到太空的过程中，它们通常是折叠起来的。一旦它进入太空，太阳能电池帆板就会展开。

机器人的 未来

对地球的帮助

科学家们制造太阳能电池帆板的技术水平在逐年提高，它们能更好或更高效地将太阳能转化为电能。这项研究不仅帮助了太空机器人，也改善了我们在地球上使用太阳能的方式。如果我们使用太阳能发电，就能减少对化石燃料的需求。因此使用太阳能有助于减缓全球气候变暖。

2008年5月，在凤凰号着陆器登陆火星后，它打开了它的太阳能电池帆板，其大小与一张双人床差不多。

 火星离太阳比我们地球更远，所以在火星上看来，太阳更小、更暗。当科学家为火星太空机器人设计太阳能电池帆板时，他们需要考虑这一点。

深空的黑暗

如果远离太阳到火星轨道之外，太阳光就太弱了，以至于不能给太阳能电池帆板充电。所以深空机器人有一个被称为RTG的装置，也就是放射性同位素热电式发电机。该机器使用特殊制造的放射性物质块作为燃料，例如钚。它通过射线和辐射给不同种类金属制成的热电偶供能。热量转化为线路中的电流来给电池充电。放射性同位素热电式发电机一次可以生成可供数年使用的电能。

机器人明星

先锋11号

机器人探测器先锋11号于1973年发射升空。在通往巨行星木星和土星的路上进行了漫长的旅行，并进入了最深的空间。它的无线电信号持续了22年，直到4个鞋盒大小的snap-19放射性同位素热电式发电机变得太弱，不能再提供足够的电能。

太空中的感觉

　　我们将太空机器人送往宇宙征程的目的有很多，我们想要发现其他世界是什么样的，如遥远的行星或卫星；它们的表面覆盖着钻石吗？那里有外星人吗？人们能在那里生存吗？为了给我们发送我们想要的信息，太空机器人需要各种传感器——摄像机用来"看"，麦克风用来"听"，"手"用来触摸和感觉，此外还有许多其他传感设备。

太空科学

　　太空机器人的宇宙之行可不是为了观光旅游，它们是用来代替我们去探索未知世界的。科学家们需要关于其他世界的具体信息，比如那里的温度，表面岩石和灰尘的形态以及是否有空气。这些信息帮助他们了解行星、恒星和其他天体在很久以前是如何形成的以及它们如何在遥远的未来终结。

▼ 2008年，深空探测器罗塞塔号在小行星史坦斯附近，用望远镜和广角摄像机拍摄下的照片（参见第23页）。

机器人看到了什么?

几乎所有的太空机器人都会有一个摄像机。绝大多数还不只有一个。一些摄像机用来拍摄静态照片,而另一些用来拍摄视频和影片。数码摄像机将图像转化为数字信号,并通过无线电波发送到地球。有一些摄像机通过望远镜观测拉近后的景象,还有一些装有广角镜头以获取更大视场的图片。

▶▶ 太阳系中最外层的行星海王星只被造访了一次,由旅行者2号在1989年到达。它给我们发回了这个神秘深蓝色世界美妙的彩色照片。

它们能测量什么

太空机器人除了摄像机之外还有很多其他的传感器。温度计检查温度,重力检测器测量重力,无线电接收器记录由星体发出的天然的电磁波,磁力计测量行星或其卫星周围的磁场。所有这些科学信息都能帮助我们更多地了解太空和我们的地球。

▼▼ 1995年,伽利略号木星探测器绘制了一颗巨行星——木星的地图,还发回了用我们的眼睛无法看到的红外光拍摄的照片。

你知道吗?

我能看到你看不到的!

人眼不能看到的光被称为紫外光或红外光,但很多太空机器人可以观测到。它们有特殊的摄像机,可以使用这类光线拍摄照片。然后计算机就可以把信息转换成人眼可以看到的图片。

与太空机器人交谈

宇宙中最快的速度是光速，是30万千米每秒。我们从太空机器人发送和接收的无线电信号以相同的速度传送。但太空是如此巨大，即使是光速还是显得不够快。

机器人通信

我们使用无线电与太空机器人进行交流。科学家们向它们发送指令，用无线电信号告诉它们何时开启和关闭，定位它们的摄像机以及它们的去向。机器人将摄像机所拍摄到的图片和它们测量的所有物体的信息发送回地球。

▼ 当太空机器人旅行到我们太阳系的边缘时，到地球的无线电信号需要几个小时往返。这称为通信滞后。

小心

对于有些太空机器人，时间延迟会产生问题。地球上的人不可能通过遥控器驾驶机器人在火星上漫游。如果人们通过摄像机看到火星车正在朝着岩石开过去，则会命令它转向离开，信号传送到达火星车时，整个过程已经过去近一个小时了。所以机器人火星漫游车行进得非常缓慢。有些漫游车装有触摸传感器来感知物体，还有可用来识别路上所有物体的计算机。

▶▶ 寄居者火星漫游车使用激光束来检测物体（参见第17页）。

长时延迟

地球上两地之间的距离是非常短的，因此无线电信号带来的电视节目到你家的天线只是一瞬间。从地球发射无线电信号，需要1秒多到达月球，到火星的时间则要长得多。即使当火星在公转轨道最接近地球时，无线电信号也需要大约5分钟才能传送到。当火星在太阳的另一边远离我们时，传送信号需要超过20分钟。与围绕遥远的土星的卡西尼机器人探测器通信，信号需要一个多小时才能到达。

机器人的 未来

子空间信息

关于是否有某些种类的射线或波可以比光更快这个问题，科学家们有很多的想法。如果可行，它们将使"子空间"通信成为可能，使得无线电信号可在几秒内进行星际传输，而不是几小时。

巨型射电天线接收到来自太空机器人的极微弱的信号，并发回无线电指令。

机器人的博客■

非常寂寞

我已经两个星期没有和地球上的朋友说过话了。我登陆的这个行星的自转非常缓慢。此时此刻，我正在该行星背朝地球的地方。所以我不能发送或接收任何无线电信号。没关系，我有很多要拍的图片和要测量的东西。这些是我的本职工作……■

出发去月球

有些人喜欢造访另一个世界，如月球或火星，甚至还有在那里住一段时间的想法。在人类能够在那里建立生活基地之前，我们必须派出机器人去找一个理想的地点，并检查可能出现的问题。

我看到爆炸

月球观测和传感卫星（LCROSS）是一个特殊的机器人，它观测到太空火箭死亡的全过程！它和LRO使用同样的火箭发射升空，它的摄像头观测到火箭以超过9000km/h的速度撞向月球。科学家可以通过火箭造成的陨坑的图片来研究爆炸，也可以通过它抛出的灰尘来了解更多关于月球表面的知识。

错误的地方！

仅仅着陆另一个世界这件事就是非常危险的。你有可能会着陆到一个陡峭的悬崖上、一块巨石上或一片厚厚的灰尘中。最好在人们前往那里之前，派遣机器人侦察兵找到最安全的着陆区。

近距离观察

月球轨道侦察卫星（LRO）是一种机器人卫星，它环绕月球飞行，研究月球的表面。它强大的望远镜摄像机可非常详细地侦察山脉、峡谷、悬崖、巨石和落满尘土的平原。LRO可以观察到陨石坑内部，检测任何冰冻水的迹象，这将对生活在月球基地的人类非常有用。

▼ 在1976年，月球24号把月球灰尘和岩石的样本带回到地球，看看它们是否有助于月球基地的建立。

这个版本的圣甲虫是一个原型样机或试验模型。它用于在地球上模拟月球环境中进行测试，如软沙、陡峭的山坡和巨石覆盖的平原。

侦察一下

另一个月球机器人是圣甲虫，它是一辆四轮月球漫游车，跟跑车的尺寸类似。月球上有充足的阳光，但是圣甲虫的目的是探索幽深黑暗的陨坑，所以它装有一个RTG（参见第9页）提供电力。它可以按自己的方式来使用激光束和车载计算机。它能钻探！它可以将钻头下降至它的底面，并将钻头钻入一米深的岩石，寻找冰、水、矿物和任何其他有用的物质。

是机器人吗？

机器人卫星

太空中的人造卫星是机器人吗？在大多数情况下，答案是否定的。这些卫星为我们完成简单的工作，如向地面传输电视节目或拍照。而且卫星通常没有运行部件，它不能自己做出决定，而许多太空机器人可以。

飞往火星

火星是继月球之后我们在太空中造访最多的地外天体。超过40个机器人飞行器曾经飞掠火星附近、进入火星轨道或登陆火星表面。但火星也是一个危险的地方，半数以上的火星探测任务遇到麻烦或完全失败。有些人说这是因为火星人的破坏。

火星探险漫游车计划在2013年后的某个时间登陆这颗红色星球。它将搜寻水、生命迹象和有用的矿产和物质（参见第29页）。

永远失去

在2003年底，火星着陆器小猎犬2号离开了它的轨道母船——火星快车号，并向火星地面降落，随后所有的无线电信号失去了连接。没有人知道它是否着陆，或者是否坠毁。但也许机器人自己知道。

九岁的索菲•科里斯赢得了为两个火星车命名的比赛，采用她的方案命名为勇气号和机遇号。而在这之前，它们被称为火星1号和火星2号。

失败，成功

最早在火星上着陆的太空机器人是1971年的火星2号和火星3号。但在登陆时地球上的科学家与它们失去了无线电联系。1976年的维京1号和维京2号着陆器则要成功得多。虽然它们不能四处移动，但它们有摄像机和其他传感器，包括风和地震探测器。它们展开化学测试以验证火星上是否有生命，但它们什么也找不到。

漫游一番

在1997年，火星开拓者号发送了一个着陆器，从中释放出一个滑板大小的机器人漫游器"寄居者"（Sojourner）。它花了三个月的时间行驶，拍摄岩石和地貌，并分析土壤（参见第12页的照片）。这一次，它仍然没有发现火星生命。像许多其他太空机器人漫游车一样，"寄居者"最终失去了所有的电力。它仍然在火星上，静静地"沉睡"。

依然一无所获

2008年5月，凤凰号着陆器抵达火星。它的体积和小卡车的大小差不多，有巨大的太阳能电池帆板，弹性的腿和感知天气、检测土壤和岩石的装备。随着火星冬天的到来，太阳能电池帆板获取的太阳光不再充足，它的任务于11月结束。这一次它仍然没有发现生命的迹象。

机器人明星

勇气号与机遇号

在2004年，两个火星漫游车开始探索火星的不同区域。勇气号和机遇号取得了巨大成功，电力持续时间比计划的长20倍，探索范围覆盖数十千米，并发送回数千张照片。它们甚至还研究地表的岩石。

炽热的红色行星

距离地球最近的行星是金星。这是一个神秘的世界，覆盖着浓厚的毒气和酸雨。人类永远不可能在那里生存，甚至太空机器人都会出现问题。

超级烤箱

金星表面的温度是460℃，比家用烤箱温度高很多。金星上的气压几乎是地球上气压的100倍。所以这个星球给太空机器人设计师带来了巨大的挑战。

▼ 通过望远镜，金星看起来像一个巨大的旋转斑点。太空机器人已经着陆勘察过它的岩石山脉地表。

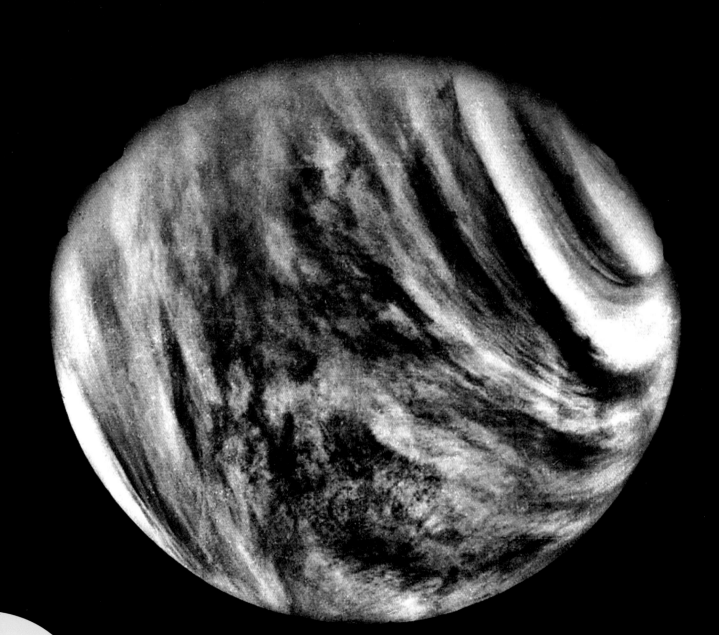

神秘的失踪

第一个着陆其他行星表面的机器人飞船是1966年的金星（Venera）3号。至少，科学家是这么认为的。当它到达时，无线电通信中断，所以它有可能是在地面撞毁，但是谁又知道到底发生了什么？

像着火了一样

水星是距离太阳最近的行星，其表面温度可达到430℃。关于水星的机器人太空任务仅有两次，第一次是1975年的水手10号。第二次是由信使号执行的机器人探测计划，它于2004年发射，于2011年到达。从地球到达这个并不是很远的行星需要很长的时间，因为水星太接近太阳，太阳巨大的引力会把太空机器人拉向其火热的表面，所以信使号必须非常小心地使用它的推进器来制动和减速。

许多观察者

从20世纪60年代到80年代，一系列金星号（Venera）机器人探测器着陆金星，并发回了图片和其他信息。1978年，由五个迷你机器人组成的先锋金星多任务探测器着陆金星；麦哲伦太空机器人从1989年到1994年一直围绕金星轨道飞行；金星快车号于2006年到达金星。上述这些探测器都装有雷达设备，可以穿过金星浓密的云层来绘制地表地形图。

▼ SOHO，太阳和日球层探测器，有12个测量仪器，研究周围最热的天体——太阳，太阳的表面温度可达6000℃。

飘浮机器人

1985年的织女星任务往金星派出了两个着陆器，还有两个气球！每个气球大约3.4米，它们在浓厚的酸云中穿行飘浮了超过40小时。它们的科学设备包可测量温度、风速和压力等数据。这些气球是真正的机器人吗？它们的官方名称是自主飞行机器人或空中机器人。

联合探索

很多太空任务不只是一个机器人，而是两个或多个机器人组成一个团队来工作。常见的组合是轨道飞行器和着陆器。轨道飞行器环绕着行星或卫星飞行，并释放出着陆器在天体地表着陆。

7年的旅行

迄今为止，探索太空的最伟大的机器人团队是卡西尼号和惠更斯号。它们在1997年一起升空出发前往拥有美丽行星环的巨行星——土星。它们花了将近7年时间才到达土星的轨道。2005年初，着陆器惠更斯号离开了土星轨道飞行器卡西尼号，并朝着地表飞去，不是土星的表面，它的目标是土星的卫星——泰坦。

机器人的博客■

最冷的地方

太……太……太冷了。我希望他们在地球上记得让我回家。当我离开我最好的朋友卡西尼号降落到这里时，我几乎要哭了，这里可是冰冷的、刮着超级大风的泰坦啊。我的温度计显示-180℃！不过，我已经尽了最大的努力。我希望未来的机器人会受到我工作成果的启发。再……再……再见！■

▼ 当惠更斯号落入泰坦的大气层时，它的防热罩闪闪发光，随后掉落下去。两个降落伞按顺序打开，进一步降低惠更斯号的降落速度。惠更斯号以5m/s的速度降落，这和人类跑步的速度差不多。

巨大的卫星

太空科学家总是在给他们的太空机器人策划下一个任务。创建欧罗巴木星任务系统的目标是计划于2020年升空前往太阳系最大的行星——木星，去探索木星四个巨大的卫星——木卫一、木卫二、木卫三和木卫四。

准确的时机

像卡西尼一样，土卫六泰坦环绕土星上运行。太空科学家必须确保卡西尼号、泰坦和惠更斯号正好位于最佳位置以便着陆。跟很多太空任务一样，只有很短的一段时间（称为"窗口期"）内才会出现这样合适的条件。错过窗口期将给机器人团队带来灾难。

英雄的惠更斯号

惠更斯号是一个英雄的太空机器人。通过防热罩的保护和两个降落伞的减速作用，它在泰坦的大气层中降落了两个半小时。在降落期间和之后的90分钟，它通过无线电传回了350张图片，这些图片主要是关于泰坦的风、气候和冰冻地表的信息。个头较小的惠更斯号发送无线电信号给个头更大的卡西尼号，随后卡西尼号利用更强大的无线电设备传输这些信号，或作为中继，将各种类型的信号传回地球。

▲▲ 惠更斯号的目标是泰坦，即图片的右边围绕着背景中的土星公转的卫星。泰坦已经大到能留住自己的大气。降落伞只有在有大气的情况下才能工作。

▼▼ 卡西尼号探测器拍摄了数以千计的有关土星和它的卫星的照片。这些卫星包括土卫六泰坦（这里显示了三种视图）、土卫五瑞亚、土卫八和其他卫星的照片。它的任务将持续至少14年。

奇妙的小世界

除了行星和卫星，太空机器人还有其他的造访对象。这些目标天体包括小行星和彗星。这些天体都有自己独特的危险之处。小行星在穿越太空时不停地翻滚和转动，所以很难在它们表面着陆。当彗星靠近太阳时，彗星将变得很热，喷射出强大的气体，就像火山一样。

太空中的麻烦

隼鸟号深空机器人在太空旅行中遇到了麻烦。它于2003年发射升空，计划在小行星磐川表面着陆，将收集的岩石和尘土样品带回地球。但是它足球大小的迷你着陆器偏离了位置，它的平衡设备发生故障，它的推进器卡住了，着陆失败。科学家希望它仍可以回到地球，但没有人知道它是否采到了任何样品。

软着陆

小行星是围绕太阳运行的岩石块，它们的体积太小，不能称为行星。多种机器人飞船，例如水手9号，伽利略号和深空1号，都曾经靠近小行星并对它们进行拍摄。第一个非常靠近小行星的机器人飞船是会合—舒梅克号，通常被称为舒梅克号。它于1996年发射，在1997年靠近小行星马蒂尔德，然后在2001年进入爱神小行星轨道并成功软着陆。它在休眠前有两个星期的时间拍照并展开测量工作。

▼ 机器人飞船舒梅克号接近爱神小行星，准备着陆。在广阔的太空深处找到爱神可是一个了不起的壮举，要知道，它只有30千米长。

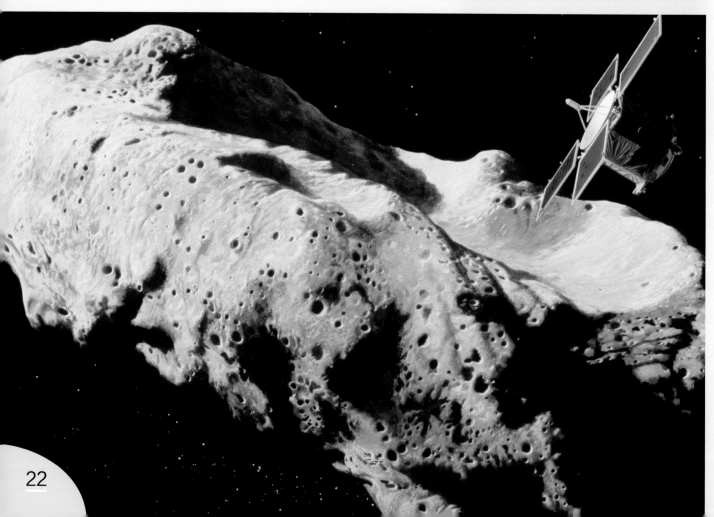

硬着陆

五年后，一个太空机器人在更难着陆的彗星着陆了。彗星是来自遥远行星外表面的冰和尘土组成的球状物，环绕太阳旋转，然后再次离开，它们在靠近太阳运行时会发光。在2005年彗星坦普尔1号（Tempel 1）来到相当接近地球的位置，因此太空机器人深度冲击号有机会去接近它。在研究和拍摄之后，深度冲击号释放出一个名为冲击器的装置撞到坦普尔1号上去，产生的爆炸相当于点燃5吨炸药的能量。深度冲击号和地球上的望远镜记录下了碰撞的过程，从而可以了解彗星是由什么组成的。

由深度冲击号机器人飞船释放的冲击器的大小和冰箱差不多，它在彗星坦普尔1号撞出了一个100米宽的陨坑。彗星短暂地闪烁，亮度比平常高了六倍。

机器人的
未来

遥远的未来

2004年母飞船罗塞塔（Rosetta，参见第10页图）和它的机器人着陆器菲莱（Philae）发射升空前往彗星楚留莫夫－格拉希门克（Churyumov-Gerasimenko）。这是一段漫长的太空旅程，它们在2014年到达目的地。途中它们飞掠过小行星史坦斯（Steins，2008年相遇）和小行星司琴星（Lutetia，2010年相遇）。

国际空间站

不是所有的太空机器人都在远离地球的星际航行。有些机器人在近地空间，做一些常规工作，例如为国际空间站提供补给。

太空渡船

国际空间站简称ISS，它的轨道在地球表面上方约350千米，每91分钟环绕地球一周。像联盟号之类的宇宙飞船和航天飞机这样的载人航天器用于帮助人们往返，也有国际空间站的太空渡船或是太空卡车。这些都是能自主工作的机器人飞船，没有船员。它们由火箭发射，携带着食物、水、燃料、工具和科研设备飞往ISS。这些机器人也会搭载运往国际空间站的新部件，以便宇航员可以继续建造ISS，这样的工作还将持续数年的时间。

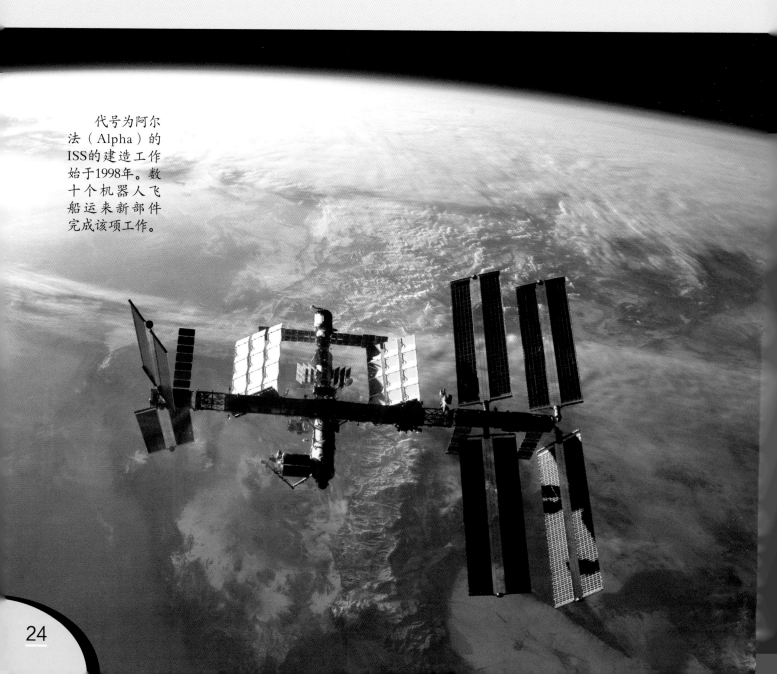

代号为阿尔法（Alpha）的ISS的建造工作始于1998年。数十个机器人飞船运来新部件完成该项工作。

一次性使用

进步号货运飞船是最普通的机器人渡船。它们与联盟号飞船多年来运送宇航员在地球与空间站之间往返的方式有些类似。每年进步号货运飞船前往空间站四次。它们总是新的，因为它们完成任务后就被毁了。每艘货运飞船将超过两吨的物资运往国际空间站，并自动连接或是停靠空间站。卸载货物后，再装满空间站废物。接下来它离开空间站，飞向地面，并在重新进入大气层时燃烧殆尽。

自动太空卡车

2008年，另一种自动太空卡车加入到国际空间站团队。这就是自动转移车辆（ATV）。它比进步号货运飞船大，能装载多达十吨的物资，拥有复杂的计算机来控制它与空间站的对接。像进步号货运飞船一样，每一部ATV最终都要自毁——它们会在返回地球的途中烧毁。

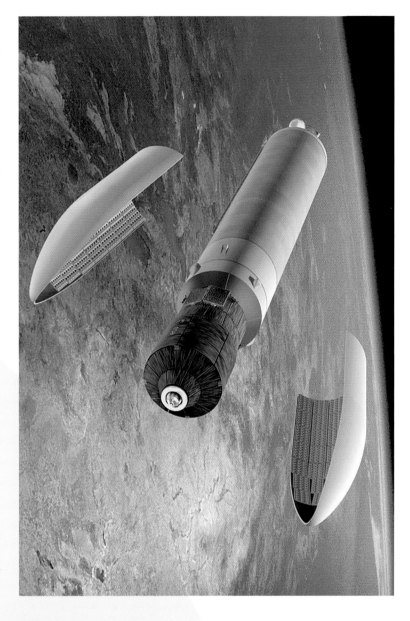

▶▶ 阿丽亚娜5号火箭打开整流罩，能释放前往ISS的ATV机器人。它运送的货物包括食物、水、氧气、推进器燃料、衣服和科学试验物资。

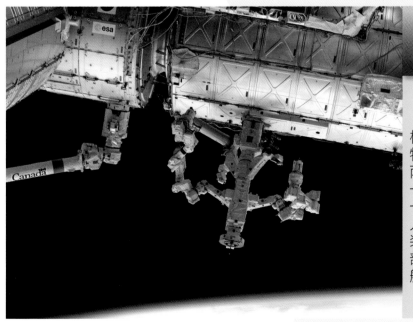

机器人明星

德克斯特机器人

2008年，一个名为德克斯特的双臂机器人被送到国际空间站。它的全称是特殊用途灵巧机械手（SPDM）。它有两个活动臂，每个长度超过3米，还有一个3米长的身体。机械臂有能像手一样弯曲转动的抓手。德克斯特机器人留在空间站之外执行任务，比如安装由进步号货运飞船和ATV运来的新部件。这意味着无须空间站宇航员在舱外太空行走。

最长的旅程

冥王星距离地球很远。这个矮行星在太阳系的边缘，空间机器人很难到访那里。直到2015年，机器人旅行者新视野号才飞掠那里。

▼ 即便透过一个非常强大的望远镜，在地球上看起来，冥王星还是那么微小。它只是一大堆恒星和行星中的一个小天体。

你知道吗？

史上最快

新视野号飞离地球的速度超过了每小时58000千米，这是有史以来飞离我们星球最快的飞行器。也许机器人之间会比较它们彼此的速度，看看谁最快，谁最慢，谁最重，或是谁的旅程最辛苦……

无尽的使命

新视野号于2006年1月离开地球。仅在一年多后，它就已经飞越木星，随后在2008年它快速穿越土星轨道。但冥王星实在是太远了，直到2015年它才到达。在研究了这颗矮行星和它的卫星卡戎（Charon）之后，新视野号还将继续前行，只要地球上的科学家能够跟踪它并保持联系。

等待，还是等待……

新视野号几乎和一辆汽车一样大，有一个非常大的无线电天线。最终，它将会因为距离地球太远而导致无线电信号变得非常弱，以至

于需要四个小时才能到达地球。它的五包科学设备包括一个强大的望远镜摄像机、一个精密摄像机和一个集尘器。像所有的深空探测机器人一样，新视野号依靠RTG来发电。

新旧兼容

新视野号经历了如此漫长的旅程，直到2015年才到达冥王星。科学家们在1998年开始建造，并花了几年的时间设计和测试。同时，地球上的技术几乎每周都在进步，而计算机变得更快，功能更强大。太空科学家需要确保地球上最新的设备仍然能够接收来自10年甚至20年前建造的太空机器人的信号。

▲ 当新视野号飞越木星时，它拍摄了这颗行星和它许多卫星的特写照片，包括木卫一上数百座活跃的火山。

机器人的博客■

休眠时间

那是在飞越木星时完成的工作。我看到了一些这颗巨行星和它的卫星的壮观景色。现在是休眠的时候了。当我在行星之间穿越时，我会关闭很多我的电路和系统以节省电力。偶尔我会给地球发回信号，

让他们知道我一切都很好。之后，机器人睡觉时间到啦，呼……呼……呼……■

无限与超越

太空科学家从来不缺少新的太空机器人和其他飞行器的想法，为的是让太空旅行更快，探测得更远，拍摄更多图片，收集更多关于我们的世界和宇宙的信息。

在路上

黎明号太空机器人向几个第一发起了冲击。它将是第一个造访位于小行星带的小行星灶神星和矮行星谷神星（曾被认为是小行星）的飞行器，小行星带在火星和木星轨道之间。这是一段非常漫长的太空旅程，黎明号在2007年升空，直到2011年才到达灶神星，2015年才到达谷神星。黎明号装有氙离子推进器的新型引擎。通常造访两个天体的机器人航天器都会远距离地飞过第一个天体而不是进入第一个天体的轨道。但黎明号进入了灶神星的轨道，然后使用它的离子发动机离开灶神星轨道，前往谷神星。

▲ 黎明号的主体或叫"舱体"，有一辆小型汽车的大小，它的无线电天线直径有1.5米。包括太阳能电池帆板在内，它的长度差不多有20米。

星尘号

2006年，星尘号经历七年五十亿千米的旅程后返回地球轨道。这个太空机器人有个装置像是一个巨大的黏糊糊的网球拍，在该机器人快速飞过威尔特2号彗星时，这个装置会展开用来收集来自彗星的微量太空灰尘。灰尘样品随着带有降落伞的再入返回舱回到地球表面。星尘号从地球升空进入到外太空，又顺利返回。它证明了外太空"样品返回"任务是可以成功的，现在更多的类似计划正在进行中。

◀◀ 星尘号于1999年发射。顶部的棕色和白色蛋糕状的部分就是用来返回地球的返回舱。

机器人宇航员

大多数太空机器人看起来一点儿也不像人类，因为它们专门被设计用来做某些人类不能完成的工作。机器人宇航员是人形的，有活动的手臂、手和五个手指。它被设计用来接替身穿太空服的宇航员的工作。每个手臂和手有超过150个传感器，用于触摸、定位和测温，以及控制运动和抓握的力的大小。

▶▶ 宇航员机器人是仿真机器人，这意味着它是有着人类外形的机器人。

机器人的未来

探测火星

之前已有几个太空机器人在火星上寻找生命，没有成功。2016年3月发射的火星探测计划（ExoMars）的探测器依然没有成功。欧洲太空总署计划于 2020 年发射类似美国国家航空航天局好奇号（Curiosity）的探测器登陆火星，不知道届时是否会发现火星生命，让我们一起期待吧！

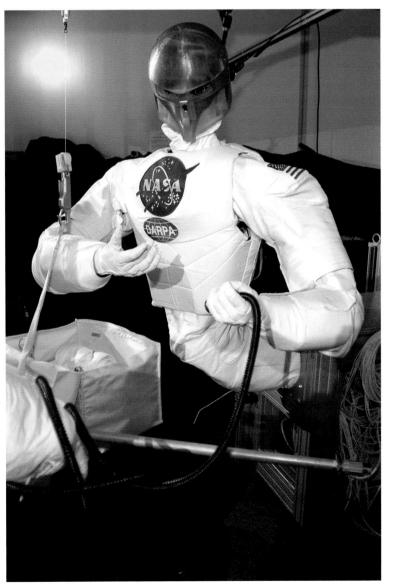